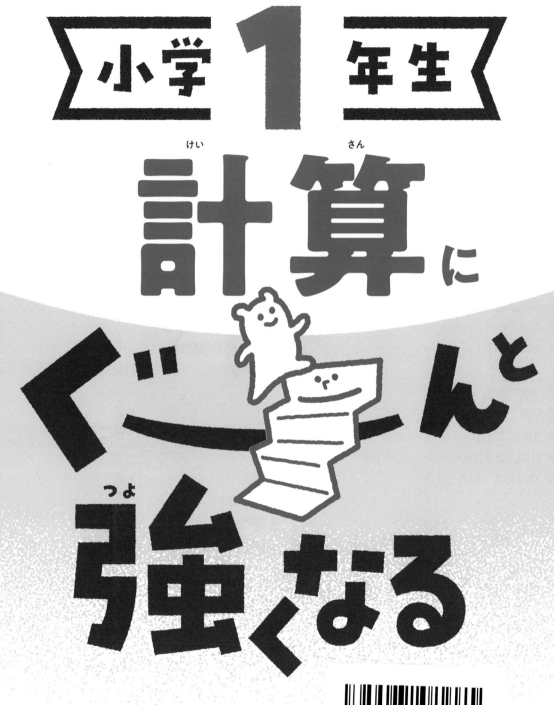

小学 1 年生

計算(けいさん)にぐーーんと強(つよ)くなる

学習指導要領対応

JN028732

KUM♡N

もくじ

1 たして　5まで

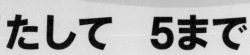

れい

$1+1=2$

$2+1=3$

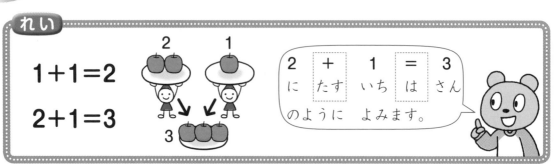

| 2 | ＋ | 1 | ＝ | 3 |
| に | たす | いち | は | さん |

のように　よみます。

1　たしざんを　しましょう。　　　　〔1もん　3てん〕

① 1 ＋ 1　　　　② 2 ＋ 1

③ 3 ＋ 1　　　　④ 4 ＋ 1

⑤ 1 ＋ 2　　　　⑥ 2 ＋ 2

⑦ 3 ＋ 2　　　　⑧ 1 ＋ 3

⑨ 2 ＋ 3　　　　⑩ 1 ＋ 4

⑪ 1 ＋ 2　　　　⑫ 2 ＋ 1

⑬ 1 ＋ 3　　　　⑭ 3 ＋ 1

⑮ 1 ＋ 4　　　　⑯ 4 ＋ 1

2 たしざんを しましょう。 〔1もん 3てん〕

① 3 + 1   ② 2 + 3

③ 1 + 4   ④ 2 + 2

⑤ 1 + 3   ⑥ 4 + 1

⑦ 1 + 2   ⑧ 3 + 2

⑨ 2 + 3   ⑩ 1 + 1

⑪ 4 + 1   ⑫ 2 + 1

⑬ 2 + 2   ⑭ 1 + 4

⑮ 1 + 3   ⑯ 3 + 2

3 あかい ちゅうりっぷが 3ぼん, きいろい ちゅうりっぷ
が 1ぽん さきました。ちゅうりっぷは あわせて なんぼ
ん さきましたか。 〔4てん〕

しき

こたえ（   ）

2 たして　6まで

れい

4＋2＝6

4　　　　　　　2

6

1 たしざんを　しましょう。 〔1もん　8てん〕

① 5＋1　　　　② 4＋2

③ 3＋2　　　　④ 2＋4

⑤ 1＋3　　　　⑥ 3＋3

⑦ 2＋4　　　　⑧ 1＋5

⑨ 2＋3　　　　⑩ 1＋4

⑪ 4＋2　　　　⑫ 3＋3

2 すなばで　あそんで　いる　こどもが　3にん，てつぼうで
あそんで　いる　こどもが　3にん　います。あわせて　なん
にん　いますか。 〔4てん〕

しき

こたえ（　　　　　）

3 たして　7まで

とくてん

てん

れい

$4+3=7$

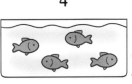  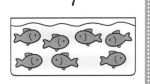

4　3　7

1 たしざんを　しましょう。　　　〔1もん　8てん〕

① 6＋1　　　　② 5＋2

③ 2＋4　　　　④ 3＋4

⑤ 2＋5　　　　⑥ 1＋3

⑦ 4＋3　　　　⑧ 1＋6

⑨ 3＋2　　　　⑩ 2＋5

⑪ 5＋1　　　　⑫ 4＋3

2 じどうしゃが　3だい　とまって　います。4だい　ふえると，なんだいに　なりますか。　　　〔4てん〕

しき

こたえ（　　　　　）

4 たして　8まで

れい

$6+2=8$

6

↓

8

1　たしざんを　しましょう。　　　　　　　　〔1もん　8てん〕

① 7＋1　　　　② 2＋2

③ 5＋3　　　　④ 4＋4

⑤ 3＋3　　　　⑥ 3＋5

⑦ 6＋2　　　　⑧ 1＋6

⑨ 1＋7　　　　⑩ 5＋3

⑪ 2＋4　　　　⑫ 2＋6

2　はとが　3わ　います。5わ　とんで　くると，ぜんぶで
なんわに　なりますか。　　　　　　　　〔4てん〕

しき

こたえ（　　　　　）

たして　9まで

れい

6　　　　　3　　　　　　　　　9

$6+3=9$　　　→　

1　たしざんを　しましょう。　　　〔1もん　8てん〕

① 8 + 1　　　　② 7 + 2

③ 6 + 3　　　　④ 4 + 4

⑤ 5 + 4　　　　⑥ 4 + 5

⑦ 2 + 6　　　　⑧ 3 + 6

⑨ 2 + 7　　　　⑩ 1 + 5

⑪ 1 + 8　　　　⑫ 4 + 5

2　ゆづきさんは　きのこを　5こ　とりました。いもうとは
4こ　とりました。ぜんぶで　なんこ　とりましたか。〔4てん〕

しき

こたえ（　　　　　　）

6 ◆10までの たしざん
たして 10まで

れい

$6+4=10$

6　　4　　　　10

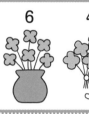 →

1 たしざんを しましょう。 〔1もん 8てん〕

① 9＋1　　　　② 8＋2

③ 7＋3　　　　④ 2＋5

⑤ 5＋5　　　　⑥ 4＋6

⑦ 3＋7　　　　⑧ 5＋4

⑨ 6＋4　　　　⑩ 1＋9

⑪ 3＋3　　　　⑫ 2＋8

2 いけに こいが 4ひき いました。きょう 6ぴき いれました。こいは ぜんぶで なんびきに なりましたか。〔4てん〕

しき

こたえ（　　　　）

7 0の　たしざん

れい

| $3+0=3$ | $0+3=3$ |

1　たしざんを　しましょう。　　〔1もん　5てん〕

① $2+0$ 　　② $5+0$

③ $0+1$ 　　④ $0+2$

⑤ $7+0$ 　　⑥ $0+8$

⑦ $6+0$ 　　⑧ $9+0$

⑨ $0+4$ 　　⑩ $0+3$

⑪ $10+0$ 　　⑫ $0+5$

⑬ $0+9$ 　　⑭ $4+0$

⑮ $0+6$ 　　⑯ $0+10$

⑰ $8+0$ 　　⑱ $1+0$

⑲ $0+7$ 　　⑳ $0+0$

8 まとめの　れんしゅう

とくてん

てん

1　たしざんを　しましょう。　　　　　〔1もん　3てん〕

① 1 ＋ 2　　　　② 3 ＋ 2

③ 2 ＋ 2　　　　④ 1 ＋ 3

⑤ 4 ＋ 1　　　　⑥ 2 ＋ 3

2　たしざんを　しましょう。　　　　　〔1もん　3てん〕

① 5 ＋ 1　　　　② 2 ＋ 5

③ 7 ＋ 2　　　　④ 6 ＋ 4

⑤ 3 ＋ 6　　　　⑥ 1 ＋ 7

3　たしざんを　しましょう。　　　　　〔1もん　3てん〕

① 0 ＋ 3　　　　② 9 ＋ 0

③ 10＋ 0　　　　④ 0 ＋ 6

4 たしざんを しましょう。 〔1もん 3てん〕

① 4 + 2

② 6 + 1

③ 1 + 8

④ 8 + 0

⑤ 2 + 6

⑥ 1 + 4

⑦ 5 + 3

⑧ 3 + 3

⑨ 0 + 7

⑩ 2 + 8

⑪ 2 + 1

⑫ 4 + 0

⑬ 0 + 5

⑭ 7 + 3

⑮ 4 + 5

⑯ 8 + 1

5 ぶらんこで 3にん，すべりだいで 6にんの こどもが あそんで います。こどもは あわせて なんにんですか。

〔4てん〕

しき

こたえ（　　　　　　）

9 5までから

れい

$3-1=2$

3	−	1	=	2
さん	ひく	いち	は	に

のように　よみます。

1 　ひきざんを　しましょう。　　　　〔1もん　3てん〕

① 2 − 1　　　　② 3 − 1

③ 4 − 1　　　　④ 5 − 1

⑤ 3 − 2　　　　⑥ 4 − 2

⑦ 5 − 2　　　　⑧ 4 − 3

⑨ 5 − 3　　　　⑩ 5 − 4

⑪ 2 − 1　　　　⑫ 3 − 2

⑬ 3 − 1　　　　⑭ 4 − 2

⑮ 4 − 1　　　　⑯ 5 − 2

2 ひきざんを しましょう。 〔1もん 3てん〕

① 3 − 2   ② 4 − 3

③ 5 − 1   ④ 5 − 4

⑤ 4 − 2   ⑥ 3 − 1

⑦ 2 − 1   ⑧ 5 − 2

⑨ 5 − 3   ⑩ 4 − 1

⑪ 4 − 3   ⑫ 3 − 2

⑬ 3 − 1   ⑭ 5 − 4

⑮ 5 − 2   ⑯ 4 − 1

3 すずめが 4わ でんせんに とまって います。2わ と んで いくと, のこりは なんわに なりますか。 〔4てん〕

しき

こたえ (   )

6までから

れい

$6-2=4$

6 → 4
2

1 ひきざんを しましょう。 〔1もん 8てん〕

① 6 − 2　　② 6 − 5

③ 5 − 3　　④ 6 − 3

⑤ 6 − 4　　⑥ 6 − 1

⑦ 6 − 5　　⑧ 4 − 3

⑨ 6 − 3　　⑩ 3 − 2

⑪ 5 − 4　　⑫ 6 − 4

2 あかい はなが 6ぽん，きいろい はなが 4ほん さい
て います。かずの ちがいは なんぼんですか。 〔4てん〕

しき

こたえ (　　　　)

11 7までから

れい

$7-2=5$

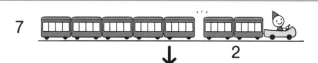

7

2

5

---

1 ひきざんを　しましょう。 〔1もん　8てん〕

① 7 − 1　　　② 7 − 2

③ 7 − 4　　　④ 6 − 4

⑤ 7 − 3　　　⑥ 5 − 2

⑦ 6 − 5　　　⑧ 7 − 5

⑨ 7 − 6　　　⑩ 7 − 3

⑪ 4 − 3　　　⑫ 7 − 1

2 1・2ねんせいが　7にん　あそんで　います。1ねんせい
は　4にんです。2ねんせいは　なんにんですか。 〔4てん〕

しき

こたえ (　　　　　)

12 8までから

れい

$8-2=6$

8 🐤🐤🐤🐤🐤🐤🐤🐤

↓

6 🐤🐤🐤🐤🐤🐤　　🐤🐤 2

1 ひきざんを　しましょう。　〔1もん　8てん〕

① $8-1$　　② $8-3$

③ $7-5$　　④ $8-6$

⑤ $8-4$　　⑥ $6-4$

⑦ $8-5$　　⑧ $8-2$

⑨ $8-7$　　⑩ $5-4$

⑪ $8-3$　　⑫ $8-5$

2 みかんが　8こ　あります。3こ　たべると，のこりは　なんこですか。　〔4てん〕

しき

こたえ（　　　　）

13 9までから

とくてん

てん

れい

$9-2=7$

1 ひきざんを　しましょう。　　　　　〔1もん　8てん〕

① $9-1$ 　　　② $9-4$

③ $7-3$ 　　　④ $9-2$

⑤ $9-5$ 　　　⑥ $8-6$

⑦ $9-6$ 　　　⑧ $9-3$

⑨ $6-5$ 　　　⑩ $9-8$

⑪ $9-7$ 　　　⑫ $9-5$

2　じどうしゃが　9だい　とまって　います。4だい　でて
いくと、のこりは　なんだいに　なりますか。　　〔4てん〕

しき

こたえ（　　　　　）

とくてん

てん

◆10までからの ひきざん
14 10までから

れい

$$10-2=8$$

10 🚲🚲🚲🚲🚲🚲🚲🚲🚲🚲

↓

2 🚲🚲 🚲🚲🚲🚲🚲🚲🚲🚲
　　　　　　　　8

1 ひきざんを しましょう。　　　　　　〔1もん 8てん〕

① 10 − 2　　　　② 10 − 4

③ 9 − 3　　　　④ 10 − 3

⑤ 10 − 1　　　　⑥ 10 − 5

⑦ 9 − 5　　　　⑧ 10 − 6

⑨ 10 − 9　　　　⑩ 8 − 7

⑪ 10 − 8　　　　⑫ 10 − 7

2 たまごが 10こ あります。3こが われて いました。
われて いない たまごは なんこ ありますか。　〔4てん〕

しき

こたえ (　　　　　)

15 0の　ひきざん

> **れい**
>
> $3-3=0$　　　　$3-0=3$

1　ひきざんを　しましょう。　　　　〔1もん　5てん〕

① $2 - 2$　　　　② $2 - 0$

③ $4 - 0$　　　　④ $5 - 5$

⑤ $7 - 7$　　　　⑥ $9 - 9$

⑦ $8 - 0$　　　　⑧ $3 - 0$

⑨ $4 - 4$　　　　⑩ $6 - 0$

⑪ $5 - 0$　　　　⑫ $8 - 8$

⑬ $6 - 6$　　　　⑭ $9 - 0$

⑮ $10 - 0$　　　　⑯ $10 - 10$

⑰ $7 - 0$　　　　⑱ $1 - 0$

⑲ $1 - 1$　　　　⑳ $0 - 0$

16 まとめの　れんしゅう

1 ひきざんを　しましょう。　　　　　　　　　〔1もん　3てん〕

① $5 - 2$ 　　② $2 - 1$

③ $4 - 3$ 　　④ $5 - 4$

⑤ $3 - 2$ 　　⑥ $4 - 1$

2 ひきざんを　しましょう。　　　　　　　　　〔1もん　3てん〕

① $6 - 3$ 　　② $9 - 6$

③ $8 - 4$ 　　④ $7 - 2$

⑤ $10 - 3$ 　　⑥ $6 - 5$

3 ひきざんを　しましょう。　　　　　　　　　〔1もん　3てん〕

① $5 - 0$ 　　② $1 - 1$

③ $6 - 6$ 　　④ $10 - 0$

4 ひきざんを しましょう。 〔1もん 3てん〕

① 7 − 3 ② 6 − 2

③ 3 − 1 ④ 7 − 0

⑤ 10 − 5 ⑥ 8 − 7

⑦ 8 − 8 ⑧ 5 − 3

⑨ 9 − 4 ⑩ 7 − 1

⑪ 3 − 0 ⑫ 9 − 8

⑬ 8 − 3 ⑭ 9 − 0

⑮ 7 − 4 ⑯ 8 − 6

5 かきが きに 9こ なって います。6こ とりました。
かきは なんこ のこって いますか。 〔4てん〕

しき

こたえ ( )

17 たしざんと　ひきざんの　まとめ

1 たしざんを　しましょう。　　　　　　　〔1もん　3てん〕

① $2 + 7$　　　　② $4 + 3$

③ $9 + 1$　　　　④ $3 + 5$

⑤ $3 + 2$　　　　⑥ $4 + 6$

⑦ $7 + 0$　　　　⑧ $6 + 3$

2 ひきざんを　しましょう。　　　　　　　〔1もん　3てん〕

① $5 - 4$　　　　② $10 - 8$

③ $9 - 7$　　　　④ $6 - 4$

⑤ $0 - 0$　　　　⑥ $7 - 2$

⑦ $8 - 8$　　　　⑧ $9 - 5$

3 けいさんを しましょう。 〔1もん 3てん〕

① 1 + 5   ② 2 − 1

③ 4 + 5   ④ 8 − 4

⑤ 5 − 3   ⑥ 3 + 7

⑦ 4 + 4   ⑧ 10 − 4

⑨ 3 − 2   ⑩ 5 + 4

⑪ 7 − 5   ⑫ 0 + 9

⑬ 2 + 4   ⑭ 9 − 1

⑮ 6 − 0   ⑯ 8 + 2

4 1・2ねんせい 10にん あそんで います。1ねんせいは 4にんです。2ねんせいは なんにんですか。 〔4てん〕

しき

こたえ (   )

18 10の　たしざん

とくてん

てん

れい

$$10+2=12$$

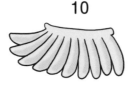 10　2 → 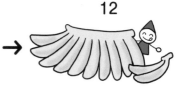 12

1 たしざんを　しましょう。　　　　　　　〔1もん　8てん〕

① 10＋3　　　　② 10＋6

③ 10＋1　　　　④ 10＋4

⑤ 10＋8　　　　⑥ 10＋2

⑦ 10＋5　　　　⑧ 10＋9

⑨ 10＋10　　　⑩ 10＋7

⑪ 10＋4　　　　⑫ 10＋8

2 あかい　いろがみが　10まい，あおい　いろがみが　6まい
あります。いろがみは　ぜんぶで　なんまい　ありますか。

〔4てん〕

しき

こたえ（　　　　　　）

19 たして　15まで

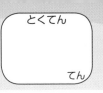

れい

$11+1=12$

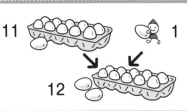

11
1
12

1 たしざんを　しましょう。　　　　〔1もん　8てん〕

① $11+2$　　　　② $12+1$

③ $14+1$　　　　④ $13+2$

⑤ $12+2$　　　　⑥ $11+3$

⑦ $11+4$　　　　⑧ $12+3$

⑨ $13+2$　　　　⑩ $11+1$

⑪ $13+1$　　　　⑫ $11+3$

2　えんぴつが　12ほん　あります。おねえさんから　3ぼん
もらいました。えんぴつは　ぜんぶで　なんぼんに　なりまし
たか。　　　　　　　　　　　　　　　　　　　〔4てん〕

しき

こたえ（　　　　　　　）

20 たして 19まで

とくてん

てん

れい

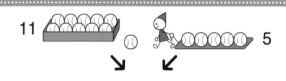

11＋5＝16

11

5

16

1 たしざんを しましょう。 〔1もん 8てん〕

① 12＋4 ② 11＋6

③ 13＋3 ④ 14＋3

⑤ 11＋8 ⑥ 18＋1

⑦ 16＋2 ⑧ 14＋5

⑨ 15＋4 ⑩ 17＋1

⑪ 12＋7 ⑫ 15＋3

2 りんごが はこに 16こ，さらに 3こ あります。りん
ごは ぜんぶで なんこ ありますか。 〔4てん〕

しき

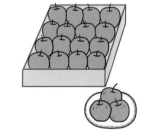

こたえ（　　　　　）

21 一のくらいが　おなじ

とくてん

てん

れい

$12-2=10$

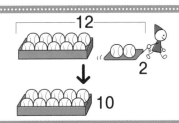

---

1 ひきざんを　しましょう。 〔1もん　8てん〕

① $13-3$ ② $14-4$

③ $17-7$ ④ $11-1$

⑤ $15-5$ ⑥ $12-2$

⑦ $18-8$ ⑧ $16-6$

⑨ $14-4$ ⑩ $19-9$

⑪ $17-7$ ⑫ $18-8$

2 みかんが　16こ　あります。6こ　たべると，なんこ　の
こりますか。 〔4てん〕

しき

こたえ（　　　　　　）

◆20までからの　ひきざん

15までから

とくてん

てん

れい

14−2=12

━━━━14━━━━

2

1 ひきざんを　しましょう。　　　　　　　　〔1もん　8てん〕

① 12 − 1　　　　② 14 − 3

③ 15 − 3　　　　④ 15 − 2

⑤ 13 − 1　　　　⑥ 13 − 2

⑦ 14 − 1　　　　⑧ 15 − 1

⑨ 14 − 2　　　　⑩ 15 − 4

⑪ 13 − 2　　　　⑫ 15 − 3

2 いろがみが　15まい　あります。2まい　つかうと　のこりは　なんまいですか。　　　　　　　　　　〔4てん〕

〔しき〕

〔こたえ〕（　　　　　　　）

23 ◆20までからの ひきざん
19までから

れい

16−2＝14

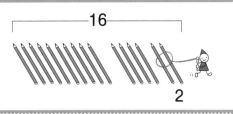

16

2

1 ひきざんを しましょう。 〔1もん 8てん〕

① 17 − 1 ② 16 − 3

③ 18 − 4 ④ 19 − 2

⑤ 17 − 5 ⑥ 18 − 7

⑦ 19 − 6 ⑧ 18 − 3

⑨ 17 − 6 ⑩ 19 − 7

⑪ 16 − 4 ⑫ 18 − 2

2 こうえんで 19にん あそんで います。おとなは
8にんです。こどもは なんにんですか。 〔4てん〕

しき

こたえ ( )

24 たしざんと　ひきざんの　まとめ

1　たしざんを　しましょう。　〔1もん　4てん〕

①　10＋8　　　　②　13＋4

③　15＋2　　　　④　10＋3

⑤　11＋7

2　ひきざんを　しましょう。　〔1もん　4てん〕

①　16－6　　　　②　19－3

③　15－4　　　　④　17－2

⑤　18－5

ひとやすみ

◆マッチぼうあそび
　マッチぼうを　1ぽんだけ　くわえて　ただしい　しきに　しましょう。

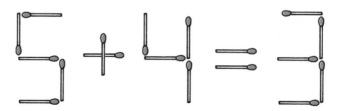

（こたえは　べっさつの　8ページ）

3 けいさんを しましょう。 〔1もん 4てん〕

① 18 − 1

② 10 + 5

③ 14 − 3

④ 13 − 3

⑤ 17 + 2

⑥ 18 − 1

⑦ 10 + 6

⑧ 19 − 1

⑨ 19 − 9

⑩ 15 + 4

⑪ 10 + 7

⑫ 16 + 1

⑬ 19 − 5

⑭ 13 + 6

4 あかい ちゅうりっぷが 14ほん, しろい ちゅうりっぷ が 2ほん さいて います。あかい ちゅうりっぷは, しろ い ちゅうりっぷより なんぼん おおいですか。 〔4てん〕

しき

こたえ (   )

25 たして 10まで

> **れい**
>
> $$3+1+2=6$$

1 けいさんを しましょう。　　　　　　　　〔1もん 8てん〕

① $3+2+4$ 　　　② $5+1+2$

③ $4+2+2$ 　　　④ $1+3+6$

⑤ $3+5+1$ 　　　⑥ $3+3+2$

⑦ $2+6+1$ 　　　⑧ $5+1+4$

⑨ $4+1+4$ 　　　⑩ $2+1+7$

⑪ $3+2+5$ 　　　⑫ $1+7+1$

2 ばすに おきゃくさんが 3にん のって いました。ていりゅうじょで 4にん のって きました。つぎの ていりゅうじょで 3にん のって きました。おきゃくさんは なんにんに なりましたか。　　　　　〔4てん〕

しき

こたえ (　　　　　)

◆3つの かずの たしざん

まえ 2つで 10

れい

$$6+4+2=12$$

1 けいさんを しましょう。　　　　〔1もん 8てん〕

① 6 + 4 + 5　　　② 8 + 2 + 6

③ 5 + 5 + 2　　　④ 3 + 7 + 4

⑤ 4 + 6 + 8　　　⑥ 7 + 3 + 9

⑦ 9 + 1 + 5　　　⑧ 5 + 5 + 7

⑨ 2 + 8 + 3　　　⑩ 4 + 6 + 6

⑪ 1 + 9 + 6　　　⑫ 7 + 3 + 1

2 こどもが 6にん あそんで いました。そこへ 4にん きました。また 3にん きました。こどもは ぜんぶで なんにんに なりましたか。　　　　〔4てん〕

しき

こたえ （　　　　　　　）

◆3つの　かずの　たしざん

2けた＋1けた＋1けた

れい

$$12+3+4=19$$

1 けいさんを　しましょう。　　　　　〔1もん　8てん〕

① 13＋2＋1　　　② 14＋3＋2

③ 12＋1＋5　　　④ 11＋4＋2

⑤ 16＋2＋1　　　⑥ 15＋1＋2

⑦ 14＋2＋2　　　⑧ 12＋1＋3

⑨ 11＋3＋2　　　⑩ 17＋1＋1

⑪ 13＋3＋3　　　⑫ 11＋6＋1

2　しおりさんは　がようしを　12まい　もって　いました。おねえさんから　2まい　もらいました。その　あと　おとうさんから　3まい　もらいました。がようしは　なんまいに　なりましたか。　　　　　〔4てん〕

しき

こたえ（　　　　　　）

28 1けただけ

れい

$$6-2-1=3$$

1 けいさんを　しましょう。　　〔1もん　8てん〕

① 7 － 4 － 1

② 8 － 2 － 3

③ 6 － 3 － 2

④ 9 － 5 － 2

⑤ 5 － 1 － 3

⑥ 7 － 4 － 2

⑦ 8 － 1 － 5

⑧ 6 － 1 － 3

⑨ 9 － 4 － 3

⑩ 8 － 5 － 2

⑪ 7 － 3 － 3

⑫ 9 － 3 － 2

2 　ひろとさんは　おはじきを　8こ　もって　いました。とも
だちに　3こ　あげました。その　あと　おとうとに　4こ
あげました。おはじきは　なんこに　なりましたか。　〔4てん〕

しき

こたえ (　　　　　　　)

さいしょが 10

とくてん

てん

れい

$$10-5-2=3$$

1 けいさんを しましょう。　　　　　〔1もん 8てん〕

① $10-5-3$　　　② $10-7-1$

③ $10-6-2$　　　④ $10-3-2$

⑤ $10-1-8$　　　⑥ $10-2-5$

⑦ $10-7-2$　　　⑧ $10-4-2$

⑨ $10-3-5$　　　⑩ $10-1-6$

⑪ $10-5-1$　　　⑫ $10-6-3$

2　すずめが やねに 10ぱ とまって いました。はじめに 3わ, つぎに 4わ とんで いきました。やねの すずめは なんわに なりましたか。　　　　　〔4てん〕

しき

こたえ（　　　　　）

30 まえ　2つで　10

れい

$$12-2-6=4$$

1 けいさんを　しましょう。　　　　〔1もん　8てん〕

① 15 − 5 − 3　　② 18 − 8 − 4

③ 13 − 3 − 6　　④ 19 − 9 − 2

⑤ 14 − 4 − 5　　⑥ 16 − 6 − 8

⑦ 12 − 2 − 7　　⑧ 11 − 1 − 4

⑨ 16 − 6 − 3　　⑩ 13 − 3 − 8

⑪ 19 − 9 − 6　　⑫ 17 − 7 − 3

2 いろがみが　16まい　ありました。6まい　つかって　つるを　おり，5まい　つかって　ふねを　おりました。つかって　いない　いろがみは　なんまいですか。　　〔4てん〕

しき

こたえ (　　　　　　　　)

◆3つの かずの ひきざん
2けた－1けた－1けた

れい

$$18-3-2=13$$

1 けいさんを しましょう。　　　　　〔1もん 8てん〕

① 15 － 2 － 1　　② 17 － 4 － 3

③ 16 － 2 － 3　　④ 18 － 5 － 1

⑤ 19 － 4 － 5　　⑥ 14 － 2 － 2

⑦ 18 － 3 － 4　　⑧ 19 － 2 － 4

⑨ 17 － 1 － 3　　⑩ 16 － 4 － 2

⑪ 19 － 5 － 2　　⑫ 18 － 2 － 6

2　みかんが 18こ ありました。きのう 3こ, きょう 4こ
たべました。みかんは なんこ のこって いますか。〔4てん〕

しき

こたえ（　　　　　　）

● ＋ ▲ ― ■ （1けただけ）

とくてん

てん

れい

$$4+2-3=3$$

1　けいさんを　しましょう。　　　　　〔1もん　8てん〕

① 　5 ＋ 3 － 4　　　　② 　2 ＋ 7 － 8

③ 　3 ＋ 6 － 7　　　　④ 　4 ＋ 3 － 5

⑤ 　8 ＋ 1 － 6　　　　⑥ 　7 ＋ 2 － 3

⑦ 　5 ＋ 2 － 6　　　　⑧ 　3 ＋ 4 － 6

⑨ 　2 ＋ 6 － 7　　　　⑩ 　6 ＋ 2 － 5

⑪ 　4 ＋ 4 － 6　　　　⑫ 　5 ＋ 4 － 6

2　　はとが　7わ　えさを　たべて　います。そこへ　2わ　と
んで　きました。その　あと　4わ　とんで　いきました。は
とは　なんわに　なりましたか。　　　　　　　　　　〔4てん〕

しき

こたえ（　　　　　　　　）

33

●＋▲－■　(まえ　2つで　10)

とくてん

てん

れい

$$6+4-3=7$$

1 けいさんを　しましょう。　　　　　〔1もん　8てん〕

① 7＋3－4　　② 4＋6－7

③ 8＋2－3　　④ 5＋5－8

⑤ 6＋4－9　　⑥ 9＋1－3

⑦ 2＋8－4　　⑧ 3＋7－6

⑨ 5＋5－6　　⑩ 6＋4－8

⑪ 9＋1－2　　⑫ 7＋3－5

2 あおいさんは　おはじきを　8こ　もって　います。おねえさんから　2こ　もらって, いもうとに　5こ　あげました。あおいさんの　おはじきは　なんこに　なりましたか。〔4てん〕

しき

こたえ（　　　　　）

34 10＋●－▲

とくてん

てん

れい

$$10＋5－3＝12$$

1 けいさんを　しましょう。　　　　〔1もん　8てん〕

① 10＋6－4　　② 10＋8－6

③ 10＋7－2　　④ 10＋4－3

⑤ 10＋3－1　　⑥ 10＋9－2

⑦ 10＋8－4　　⑧ 10＋7－4

⑨ 10＋5－2　　⑩ 10＋6－2

⑪ 10＋7－1　　⑫ 10＋9－6

2 こうえんで　こどもが　10にん　あそんで　いました。あとから　6にん　きて，3にん　かえりました。こうえんであそんで　いる　こどもは　なんにんに　なりましたか。〔4てん〕

しき

こたえ (　　　　　　)

35 2けた＋1けた－1けた

とくてん

てん

れい

$$12+4-5=11$$

---

1 けいさんを　しましょう。 〔1もん　8てん〕

① 15＋4－7　　② 13＋2－5

③ 12＋7－8　　④ 16＋2－4

⑤ 14＋4－6　　⑥ 11＋6－7

⑦ 13＋6－8　　⑧ 12＋4－6

⑨ 15＋3－4　　⑩ 14＋5－6

⑪ 16＋3－7　　⑫ 13＋5－8

2 こうえんで　こどもが　14にん　あそんで　いました。そこへ　3にん　きて，5にん　かえりました。こどもは　なんにんに　なりましたか。 〔4てん〕

しき

こたえ（　　　　　）

36

●ー▲＋■ （1けただけ）

れい

$$6-3+2=5$$

1 けいさんを　しましょう。　　　　〔1もん　8てん〕

① $8-4+3$　　　② $7-5+6$

③ $4-3+5$　　　④ $9-6+7$

⑤ $5-3+4$　　　⑥ $6-4+3$

⑦ $7-3+6$　　　⑧ $8-6+5$

⑨ $6-2+4$　　　⑩ $5-4+8$

⑪ $8-5+7$　　　⑫ $9-3+2$

2 ちゅうしゃじょうに　くるまが　9だい　とまって　いました。4だい　でて　いきました。その　あと　3だい　はいって　きました。ちゅうしゃじょうの　くるまは　なんだいに　なりましたか。　　　　〔4てん〕

しき

こたえ（　　　　　　）

37 10−●+▲

れい

$$10-5+2=7$$

1 けいさんを しましょう。　〔1もん 8てん〕

① $10-6+3$　② $10-3+2$

③ $10-7+4$　④ $10-4+3$

⑤ $10-5+1$　⑥ $10-2+1$

⑦ $10-8+2$　⑧ $10-6+5$

⑨ $10-9+7$　⑩ $10-5+4$

⑪ $10-7+6$　⑫ $10-8+3$

2 いけに あひるが 10ぱ いましたが, 6わ でて いきました。その あと 4わ はいって きました。いけの あひるは なんわに なりましたか。　〔4てん〕

しき

こたえ（　　　　　）

◆3つの　かずの　たしざんと　ひきざん

●ー▲＋■ （まえ　2つで　10）

れい

$$16-6+3=13$$

1 けいさんを　しましょう。　　　　〔1もん　8てん〕

① 14 − 4 + 6　　② 17 − 7 + 2

③ 13 − 3 + 5　　④ 15 − 5 + 4

⑤ 18 − 8 + 9　　⑥ 12 − 2 + 7

⑦ 16 − 6 + 4　　⑧ 19 − 9 + 5

⑨ 14 − 4 + 7　　⑩ 13 − 3 + 8

⑪ 17 − 7 + 3　　⑫ 18 − 8 + 2

2 あめが　18こ　ありました。きのう　8こ　たべました。きょう　おかあさんから　5こ　もらいました。あめは　なんこに　なりましたか。　　　　〔4てん〕

しき

こたえ　（　　　　　　　　）

39 たしざんと ひきざんの まとめ

とくてん

てん

1 けいさんを しましょう。　　　　〔1もん 3てん〕

① 2 + 5 + 1　　② 3 + 5 + 2

③ 6 + 4 + 2　　④ 12 + 2 + 3

2 けいさんを しましょう。　　　　〔1もん 3てん〕

① 9 - 4 - 2　　② 10 - 3 - 2

③ 18 - 1 - 3　　④ 16 - 6 - 4

3 けいさんを しましょう。　　　　〔1もん 3てん〕

① 7 + 2 - 6　　② 10 + 8 - 2

③ 12 + 4 - 5　　④ 8 + 2 - 7

4 けいさんを しましょう。　　　　〔1もん 3てん〕

① 8 - 2 + 3　　② 10 - 6 + 3

③ 16 - 6 + 8　　④ 9 - 3 + 4

5 けいさんを しましょう。 〔1もん 3てん〕

① 3 + 7 + 4

② 7 − 4 − 2

③ 17 − 3 − 2

④ 9 + 1 − 4

⑤ 14 − 4 + 6

⑥ 10 − 8 + 6

⑦ 10 − 2 − 5

⑧ 4 + 2 + 4

⑨ 9 − 7 + 5

⑩ 2 + 6 − 5

⑪ 16 − 2 − 4

⑫ 15 + 2 − 4

⑬ 10 + 7 − 4

⑭ 18 − 8 − 3

⑮ 2 + 8 + 9

⑯ 17 − 7 + 6

6 ばすに おきゃくさんが 10にん のって いました。ていりゅうじょで 7にん おりて，5にん のって きました。おきゃくさんは なんにんに なりましたか。 〔4てん〕

しき

こたえ (　　　　　　)

◆くりあがる　たしざん

9たす　いくつ

れい

$9+4=13$　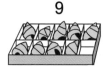　　→　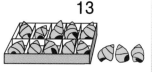

1 たしざんを　しましょう。　　　　〔1もん　3てん〕

① $9+2$　　　　② $9+3$

③ $9+4$　　　　④ $9+5$

⑤ $9+6$　　　　⑥ $9+7$

⑦ $9+8$　　　　⑧ $9+9$

⑨ $9+3$　　　　⑩ $9+5$

⑪ $9+7$　　　　⑫ $9+9$

⑬ $9+2$　　　　⑭ $9+4$

⑮ $9+6$　　　　⑯ $9+8$

2 たしざんを しましょう。　　　　　　　〔1もん　3てん〕

① 9 + 7　　　　　　② 9 + 4

③ 9 + 2　　　　　　④ 9 + 5

⑤ 9 + 3　　　　　　⑥ 9 + 8

⑦ 9 + 6　　　　　　⑧ 9 + 9

⑨ 9 + 5　　　　　　⑩ 9 + 2

⑪ 9 + 8　　　　　　⑫ 9 + 7

⑬ 9 + 4　　　　　　⑭ 9 + 6

⑮ 9 + 9　　　　　　⑯ 9 + 3

3 はとが 9わ います。5わ とんで きました。はとは
なんわに なりましたか。　　　　　　　〔4てん〕

しき

こたえ（　　　　　）

8たす いくつ

れい

$8+4=12$

1 たしざんを しましょう。　　　〔1もん　3てん〕

① 8 ＋ 3　　　② 8 ＋ 4

③ 8 ＋ 5　　　④ 8 ＋ 6

⑤ 8 ＋ 7　　　⑥ 8 ＋ 8

⑦ 8 ＋ 9　　　⑧ 8 ＋ 3

⑨ 8 ＋ 5　　　⑩ 8 ＋ 7

⑪ 8 ＋ 9　　　⑫ 8 ＋ 4

⑬ 8 ＋ 6　　　⑭ 8 ＋ 8

⑮ 8 ＋ 7　　　⑯ 8 ＋ 6

2 たしざんを しましょう。　　　　　　　　〔1もん　3てん〕

① 8 + 6　　　　　② 8 + 9

③ 8 + 3　　　　　④ 8 + 7

⑤ 8 + 5　　　　　⑥ 8 + 4

⑦ 8 + 9　　　　　⑧ 8 + 8

⑨ 8 + 4　　　　　⑩ 8 + 5

⑪ 8 + 7　　　　　⑫ 8 + 6

⑬ 8 + 5　　　　　⑭ 8 + 8

⑮ 8 + 3　　　　　⑯ 8 + 9

3 ばすに おきゃくさんが 8にん のって います。ていりゅうじょで 3にん のって きました。おきゃくさんは ぜんぶで なんにんに なりましたか。　　　〔4てん〕

[しき]

[こたえ] (　　　　　　　)

7たす　いくつ

とくてん

てん

れい

$$7+4=11$$

1　たしざんを　しましょう。　〔1もん　8てん〕

① 7 ＋ 6　　　　② 7 ＋ 8

③ 7 ＋ 5　　　　④ 7 ＋ 4

⑤ 7 ＋ 9　　　　⑥ 7 ＋ 7

⑦ 7 ＋ 4　　　　⑧ 7 ＋ 5

⑨ 7 ＋ 8　　　　⑩ 7 ＋ 7

⑪ 7 ＋ 9　　　　⑫ 7 ＋ 6

2　こどもが　7にん　あそんで　います。4にん　くると，なんにんに　なりますか。　〔4てん〕

しき

こたえ（　　　　　）

◆くりあがる　たしざん

6たす　いくつ

れい

$$6+7=13$$

1　たしざんを　しましょう。　　　　　〔1もん　8てん〕

① 6 + 5　　　　② 6 + 8

③ 6 + 9　　　　④ 6 + 6

⑤ 6 + 8　　　　⑥ 6 + 7

⑦ 6 + 6　　　　⑧ 6 + 9

⑨ 6 + 8　　　　⑩ 6 + 5

⑪ 6 + 9　　　　⑫ 6 + 7

2　じどうしゃが　6だい　とまって　います。5だい　ふえる
と，なんだいに　なりますか。　　　　　　　　〔4てん〕

しき

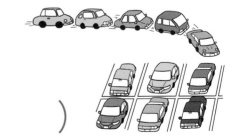

こたえ（　　　　　　　　）

44 5たす　いくつ

れい

$$5+7=12$$

---

1 たしざんを　しましょう。　　　　〔1もん　8てん〕

① $5+6$　　　　② $5+9$

③ $5+7$　　　　④ $5+8$

⑤ $5+9$　　　　⑥ $5+6$

⑦ $5+8$　　　　⑧ $5+7$

⑨ $5+6$　　　　⑩ $5+8$

⑪ $5+9$　　　　⑫ $5+7$

2 りんごが　ざるの　なかに　5こ，はこの　なかに　9こ
あります。りんごは　ぜんぶで　なんこ　ありますか。

〔4てん〕

しき

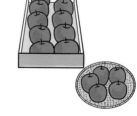

こたえ（　　　　　）

◆くりあがる　たしざん
4たす，3たす，2たす

れい

$$4+7=11$$

1　たしざんを　しましょう。　　　〔1もん　8てん〕

①　4 ＋ 8

②　4 ＋ 9

③　3 ＋ 8

④　3 ＋ 9

⑤　2 ＋ 9

⑥　4 ＋ 7

⑦　3 ＋ 9

⑧　4 ＋ 8

⑨　3 ＋ 8

⑩　2 ＋ 9

⑪　4 ＋ 9

⑫　3 ＋ 9

2　あかい　いろがみが　4まい，あおい　いろがみが　8まい
あります。いろがみは　ぜんぶで　なんまい　ありますか。
　　　　　　　　　　　　　　　〔4てん〕

しき

こたえ（　　　　　　）

46 たす9

とくてん

てん

れい

$2+9=11$

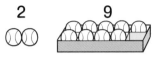

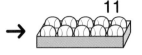

1 たしざんを　しましょう。　〔1もん　3てん〕

① 2＋9　　② 3＋9

③ 4＋9　　④ 5＋9

⑤ 6＋9　　⑥ 7＋9

⑦ 8＋9　　⑧ 9＋9

⑨ 2＋9　　⑩ 4＋9

⑪ 6＋9　　⑫ 8＋9

⑬ 3＋9　　⑭ 5＋9

⑮ 7＋9　　⑯ 9＋9

2 たしざんを しましょう。 〔1もん 3てん〕

① 7 ＋ 9

② 4 ＋ 9

③ 2 ＋ 9

④ 3 ＋ 9

⑤ 8 ＋ 9

⑥ 5 ＋ 9

⑦ 9 ＋ 9

⑧ 6 ＋ 9

⑨ 3 ＋ 9

⑩ 5 ＋ 9

⑪ 2 ＋ 9

⑫ 7 ＋ 9

⑬ 8 ＋ 9

⑭ 6 ＋ 9

⑮ 9 ＋ 9

⑯ 4 ＋ 9

3 ばすが 6だい とまって います。じょうようしゃは ば
すより 9だい おおく とまって いるそうです。じょうよ
うしゃは なんだい とまって いますか。 〔4てん〕

しき

こたえ（　　　　　）

◆たしざん◆ 59

47 ◆くりあがる　たしざん

たす8

とくてん

てん

れい

$3+8=11$

3　　　　8

11

1　たしざんを　しましょう。　　　〔1もん　4てん〕

①　3 ＋ 8　　　　　②　4 ＋ 8

③　5 ＋ 8　　　　　④　6 ＋ 8

⑤　7 ＋ 8　　　　　⑥　8 ＋ 8

⑦　9 ＋ 8　　　　　⑧　4 ＋ 8

⑨　6 ＋ 8　　　　　⑩　8 ＋ 8

⑪　3 ＋ 8　　　　　⑫　5 ＋ 8

⑬　7 ＋ 8　　　　　⑭　9 ＋ 8

⑮　6 ＋ 8　　　　　⑯　7 ＋ 8

2 たしざんを しましょう。 〔1もん 4てん〕

① 9＋8 ② 8＋8

③ 5＋8 ④ 3＋8

⑤ 6＋8 ⑥ 4＋8

⑦ 7＋8 ⑧ 5＋8

3 ひろばに 1ねんせいが 6にん，2ねんせいが 8にん
います。みんなで なんにん いますか。 〔4てん〕

しき

こたえ（　　　　　　）

ひとやすみ

◆**すうじの かくれんぼ**

したの えの なかに，1から 9までの すうじが 1つずつ
かくれて います。どんな すうじが かくれて いるでしょうか。

（こたえは べっさつの 8ページ）

48 たす7，たす6

とくてん

てん

1 たしざんを しましょう。　　　　　　　　〔1もん　5てん〕

① 5 ＋ 7　　　　　② 7 ＋ 7

③ 9 ＋ 7　　　　　④ 4 ＋ 7

⑤ 6 ＋ 7　　　　　⑥ 8 ＋ 7

⑦ 7 ＋ 7　　　　　⑧ 5 ＋ 7

⑨ 8 ＋ 7　　　　　⑩ 6 ＋ 7

2 たしざんを しましょう。　　　　　　　　〔1もん　5てん〕

① 7 ＋ 6　　　　　② 5 ＋ 6

③ 6 ＋ 6　　　　　④ 8 ＋ 6

⑤ 9 ＋ 6　　　　　⑥ 7 ＋ 6

⑦ 8 ＋ 6　　　　　⑧ 6 ＋ 6

⑨ 5 ＋ 6　　　　　⑩ 9 ＋ 6

49

◆くりあがる たしざん

たす5から たす2まで

とくてん
てん

1 たしざんを しましょう。　　　　〔1もん 5てん〕

① 8 + 5　　　② 7 + 5

③ 9 + 5　　　④ 6 + 5

⑤ 7 + 5　　　⑥ 8 + 5

⑦ 6 + 5　　　⑧ 9 + 5

2 たしざんを しましょう。　　　　〔1もん 5てん〕

① 8 + 4　　　② 7 + 4

③ 9 + 3　　　④ 8 + 3

⑤ 9 + 4　　　⑥ 9 + 2

⑦ 7 + 4　　　⑧ 9 + 3

⑨ 8 + 3　　　⑩ 8 + 4

⑪ 9 + 2　　　⑫ 9 + 4

◆たしざん◆ 63

50 まとめの　れんしゅう

1 たしざんを　しましょう。　　　　〔1もん　3てん〕

① 9 + 2　　　　② 8 + 4

③ 7 + 5　　　　④ 9 + 3

⑤ 6 + 5　　　　⑥ 8 + 6

⑦ 9 + 6　　　　⑧ 7 + 4

2 たしざんを　しましょう。　　　　〔1もん　3てん〕

① 4 + 9　　　　② 3 + 8

③ 5 + 7　　　　④ 4 + 7

⑤ 2 + 9　　　　⑥ 6 + 8

⑦ 4 + 8　　　　⑧ 3 + 9

3 たしざんを　しましょう。　　　　　　　〔1もん　3てん〕

① 9 + 5　　　　　② 8 + 9

③ 6 + 6　　　　　④ 8 + 3

⑤ 8 + 7　　　　　⑥ 7 + 6

⑦ 8 + 8　　　　　⑧ 5 + 8

⑨ 5 + 6　　　　　⑩ 9 + 9

⑪ 9 + 8　　　　　⑫ 7 + 8

⑬ 7 + 9　　　　　⑭ 5 + 9

⑮ 8 + 5　　　　　⑯ 6 + 7

4 いろがみを　ひとりに　1まいずつ　くばります。1ぱんが
7にん，2はんが　6にん　います。いろがみは　ぜんぶで
なんまい　いりますか。〔4てん〕

しき

こたえ（　　　　　　）

51 ひく9

れい

$$12-9=3$$

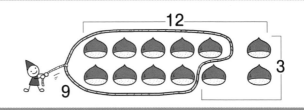

1 ひきざんを　しましょう。　〔1もん　3てん〕

① 11 － 9

② 12 － 9

③ 13 － 9

④ 14 － 9

⑤ 15 － 9

⑥ 16 － 9

⑦ 17 － 9

⑧ 18 － 9

⑨ 11 － 9

⑩ 13 － 9

⑪ 15 － 9

⑫ 17 － 9

⑬ 12 － 9

⑭ 14 － 9

⑮ 16 － 9

⑯ 18 － 9

2 ひきざんを しましょう。〔1もん 3てん〕

① 14 − 9　　② 11 − 9

③ 12 − 9　　④ 18 − 9

⑤ 17 − 9　　⑥ 15 − 9

⑦ 13 − 9　　⑧ 16 − 9

⑨ 11 − 9　　⑩ 17 − 9

⑪ 15 − 9　　⑫ 12 − 9

⑬ 16 − 9　　⑭ 14 − 9

⑮ 18 − 9　　⑯ 13 − 9

3 いろがみが 15まい あります。9まい つかうと，のこ
りは なんまいに なりますか。〔4てん〕

しき

こたえ（　　　　　）

◆くりさがる　ひきざん

ひく8

れい

$12-8=4$

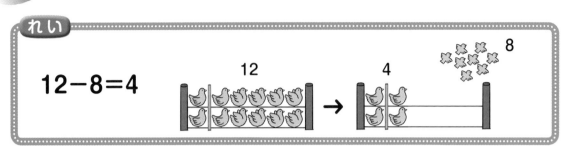

1 ひきざんを　しましょう。　　　〔1もん　3てん〕

① 11 − 8　　　② 12 − 8

③ 13 − 8　　　④ 14 − 8

⑤ 15 − 8　　　⑥ 16 − 8

⑦ 11 − 8　　　⑧ 13 − 8

⑨ 15 − 8　　　⑩ 17 − 8

⑪ 12 − 8　　　⑫ 14 − 8

⑬ 16 − 8　　　⑭ 17 − 8

⑮ 15 − 8　　　⑯ 13 − 8

2 ひきざんを しましょう。 〔1もん 3てん〕

① 14 − 8

② 16 − 8

③ 17 − 8

④ 11 − 8

⑤ 13 − 8

⑥ 12 − 8

⑦ 15 − 8

⑧ 17 − 8

⑨ 11 − 8

⑩ 13 − 8

⑪ 16 − 8

⑫ 15 − 8

⑬ 12 − 8

⑭ 14 − 8

⑮ 17 − 8

⑯ 11 − 8

3 1・2ねんせいが 14にん あそんで います。1ねんせい
は 8にんです。2ねんせいは なんにんですか。 〔4てん〕

しき

こたえ (　　　　　)

53 ◆くりさがる ひきざん
ひく7

> **れい**
>
> $$12-7=5$$

1 ひきざんを しましょう。　　　　〔1もん 8てん〕

① 13 － 7　　　　② 11 － 7

③ 16 － 7　　　　④ 12 － 7

⑤ 14 － 7　　　　⑥ 15 － 7

⑦ 11 － 7　　　　⑧ 16 － 7

⑨ 15 － 7　　　　⑩ 13 － 7

⑪ 12 － 7　　　　⑫ 14 － 7

2 じどうしゃが 11だい とまって います。7だい でて いくと, のこりは なんだいに なりますか。　　〔4てん〕

〔しき〕

〔こたえ〕（　　　　　）

◆くりさがる　ひきざん

ひく6

れい

$$11-6=5$$

1 ひきざんを　しましょう。　　　　〔1もん　8てん〕

① 13 − 6　　　② 15 − 6

③ 11 − 6　　　④ 14 − 6

⑤ 12 − 6　　　⑥ 13 − 6

⑦ 14 − 6　　　⑧ 11 − 6

⑨ 15 − 6　　　⑩ 12 − 6

⑪ 14 − 6　　　⑫ 13 − 6

2 たまごが　12こ　ありました。きょう　6こ　たべました。たまごは　なんこ　のこって　いますか。　　　〔4てん〕

しき

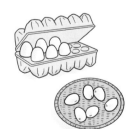

こたえ（　　　　）

55 ひく5

れい

$$11-5=6$$

1 ひきざんを　しましょう。　　　　〔1もん　8てん〕

① 12 − 5

② 11 − 5

③ 14 − 5

④ 13 − 5

⑤ 11 − 5

⑥ 14 − 5

⑦ 13 − 5

⑧ 12 − 5

⑨ 11 − 5

⑩ 13 − 5

⑪ 12 − 5

⑫ 14 − 5

2 りんごが　はこの　なかに　14こ，ざるの　なかに　5こ
あります。はこと　ざるに　はいって　いる　りんごの　かず
の　ちがいは　なんこですか。　　　　　〔4てん〕

しき

こたえ（　　　　）

ひく4, ひく3, ひく2

れい

$$11 - 4 = 7$$

1 ひきざんを しましょう。 〔1もん 8てん〕

① 12 − 4 　　② 13 − 4

③ 11 − 3 　　④ 11 − 2

⑤ 11 − 4 　　⑥ 12 − 4

⑦ 12 − 3 　　⑧ 11 − 3

⑨ 13 − 4 　　⑩ 12 − 3

⑪ 11 − 2 　　⑫ 11 − 4

2 どうぶつえんで さるを 12ひき, ひつじを 4ひき かっ
て います。どちらが なんびき おおいでしょうか。〔4てん〕

しき

こたえ (　　　　　　　　)

57 **11ひく**

とくてん

てん

れい

$$11-7=4$$

1 ひきざんを　しましょう。 〔1もん　8てん〕

① 11 − 8 ② 11 − 5

③ 11 − 4 ④ 11 − 9

⑤ 11 − 7 ⑥ 11 − 3

⑦ 11 − 2 ⑧ 11 − 6

⑨ 11 − 5 ⑩ 11 − 8

⑪ 11 − 3 ⑫ 11 − 4

2 すずめと　はとが　えさを　たべて　います。すずめは
11わ　います。はとは　すずめより　3わ　すくないそうです。
はとは　なんわ　いますか。 〔4てん〕

しき

こたえ（　　　　　）

◆くりさがる ひきざん

12ひく

れい

$$12-9=3$$

1 ひきざんを しましょう。 〔1もん 10てん〕

① 12 − 7　　② 12 − 4

③ 12 − 6　　④ 12 − 8

⑤ 12 − 3　　⑥ 12 − 5

⑦ 12 − 9　　⑧ 12 − 7

⑨ 12 − 4　　⑩ 12 − 6

ひとやすみ

◆つみきは いくつ?

つみきが つんで あります。それぞれ いくつ ありますか。

①
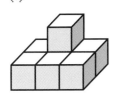

②

③
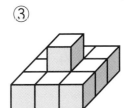

(こたえは べっさつの 8ページ)

◆ひきざん◆ 75

59 13ひく，14ひく

1 ひきざんを　しましょう。　　　　　　　〔1もん　5てん〕

① 13 − 7　　　　② 13 − 5

③ 13 − 6　　　　④ 13 − 8

⑤ 13 − 9　　　　⑥ 13 − 4

⑦ 13 − 8　　　　⑧ 13 − 6

⑨ 13 − 5　　　　⑩ 13 − 7

2 ひきざんを　しましょう。　　　　　　　〔1もん　5てん〕

① 14 − 6　　　　② 14 − 9

③ 14 − 5　　　　④ 14 − 8

⑤ 14 − 7　　　　⑥ 14 − 6

⑦ 14 − 8　　　　⑧ 14 − 5

⑨ 14 − 9　　　　⑩ 14 − 7

15ひくから　18ひく

とくてん

てん

1 ひきざんを　しましょう。　　　　　〔1もん　5てん〕

① 15 − 8　　　　② 15 − 6

③ 15 − 9　　　　④ 15 − 7

⑤ 15 − 6　　　　⑥ 15 − 8

⑦ 15 − 7　　　　⑧ 15 − 9

2 ひきざんを　しましょう。　　　　　〔1もん　5てん〕

① 16 − 8　　　　② 16 − 9

③ 17 − 9　　　　④ 18 − 9

⑤ 16 − 7　　　　⑥ 17 − 8

⑦ 16 − 9　　　　⑧ 16 − 8

⑨ 18 − 9　　　　⑩ 17 − 9

⑪ 17 − 8　　　　⑫ 16 − 7

61 まとめの　れんしゅう

1 ひきざんを　しましょう。　　　　　　〔1もん　3てん〕

① 11 − 9　　　　② 12 − 8

③ 14 − 7　　　　④ 15 − 9

⑤ 16 − 8　　　　⑥ 12 − 7

⑦ 13 − 9　　　　⑧ 14 − 8

2 ひきざんを　しましょう。　　　　　　〔1もん　3てん〕

① 11 − 5　　　　② 11 − 3

③ 13 − 4　　　　④ 12 − 6

⑤ 14 − 5　　　　⑥ 12 − 3

⑦ 11 − 4　　　　⑧ 13 − 6

3 ひきざんを しましょう。 〔1もん 3てん〕

① 12 − 9

② 13 − 7

③ 11 − 6

④ 18 − 9

⑤ 13 − 5

⑥ 16 − 9

⑦ 15 − 7

⑧ 11 − 8

⑨ 12 − 4

⑩ 17 − 8

⑪ 15 − 8

⑫ 16 − 7

⑬ 12 − 5

⑭ 14 − 9

⑮ 17 − 9

⑯ 11 − 7

4 りんごが 14こ あります。6にんに 1こずつ くばると, りんごは なんこ のこりますか。 〔4てん〕

しき

こたえ （　　　　　）

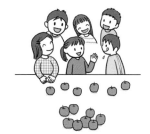

62 たしざんと　ひきざんの　まとめ

とくてん

てん

1 たしざんを　しましょう。　　　　　　　　〔1もん　3てん〕

① 3 + 9　　　　② 7 + 6

③ 8 + 4　　　　④ 6 + 5

⑤ 9 + 4　　　　⑥ 5 + 8

⑦ 8 + 8　　　　⑧ 4 + 7

2 ひきざんを　しましょう。　　　　　　　　〔1もん　3てん〕

① 11 - 3　　　　② 13 - 9

③ 17 - 8　　　　④ 14 - 5

⑤ 12 - 7　　　　⑥ 16 - 9

⑦ 14 - 6　　　　⑧ 15 - 8

3 けいさんを しましょう。 〔1もん 3てん〕

① 11 − 8　　② 13 − 5

③ 2 + 9　　④ 9 + 7

⑤ 12 − 3　　⑥ 6 + 9

⑦ 7 + 8　　⑧ 16 − 7

⑨ 9 + 6　　⑩ 11 − 4

⑪ 18 − 9　　⑫ 5 + 7

⑬ 8 + 5　　⑭ 11 − 6

⑮ 12 − 5　　⑯ 9 + 9

4 1れつに なって ばすを まって います。えいたさんは まえから 8ばんめです。えいたさんの うしろに 4にん います。ばすを まって いる ひとは ぜんぶで なんにん ですか。 〔4てん〕

しき

こたえ （　　　　　）

◆たしざんと ひきざん◆ 81

63 ◆2 けたの たしざん
なん十 たす なん十

れい

$$30+20=50$$

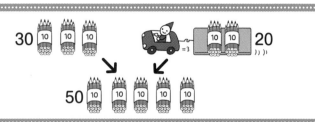

1 たしざんを しましょう。　　　　　〔1もん　4てん〕

① 　20＋10　　　　② 　20＋20

③ 　20＋30　　　　④ 　20＋40

⑤ 　30＋40　　　　⑥ 　30＋50

⑦ 　40＋50　　　　⑧ 　40＋60

⑨ 　50＋40　　　　⑩ 　50＋50

⑪ 　60＋40　　　　⑫ 　60＋30

⑬ 　70＋30　　　　⑭ 　70＋20

⑮ 　80＋20　　　　⑯ 　80＋10

2 たしざんを しましょう。 〔1もん 4てん〕

① 60＋20　　② 40＋30

③ 20＋70　　④ 20＋80

⑤ 70＋10　　⑥ 30＋30

⑦ 20＋50　　⑧ 10＋60

⑨ 90＋10

ひとやすみ

◆ものの かぞえかた

　にんげんは, ひとり, ふたり, 3にん, …と かぞえます。また, いぬや ねこは 1ぴき, 2ひき, 3びき, …と いうように かぞえます。

　このように, ものに よって いろいろな かぞえかたを します。ほかにも, いろいろな かぞえかたが あります。

　よく つかわれる ものを あげて みましょう。

＊ほん…1さつ, 2さつ, 3さつ, …

＊とり…1わ, 2わ, 3わ(3ば), …

＊いえ…1けん, 2けん, 3げん, …

＊かみ…1まい, 2まい, 3まい, …

＊むし…1ぴき, 2ひき, 3びき, …

＊くつ…1そく, 2そく, 3ぞく, …

＊じどうしゃ…1だい, 2だい, 3だい, …

＊ちいさな ふね…1そう, 2そう, 3そう, …

＊おおきな ふね…1せき, 2せき, 3せき, …

64 なん十　たす　1けた

れい

$$20+6=26$$

1 たしざんを　しましょう。　〔1もん　5てん〕

① $20+3$　　② $30+4$

③ $40+5$　　④ $50+6$

⑤ $60+7$　　⑥ $70+8$

⑦ $80+9$　　⑧ $90+1$

2 たしざんを　しましょう。　〔1もん　6てん〕

① $30+7$　　② $50+4$

③ $80+5$　　④ $20+1$

⑤ $50+8$　　⑥ $70+7$

⑦ $90+6$　　⑧ $30+2$

⑨ $70+1$　　⑩ $60+5$

2けた たす 1けた

れい

$$24 + 3 = 27$$

1 たしざんを しましょう。 〔1もん 5てん〕

① $21 + 2$　　② $32 + 4$

③ $43 + 6$　　④ $51 + 8$

⑤ $63 + 1$　　⑥ $75 + 3$

⑦ $83 + 5$　　⑧ $91 + 7$

2 たしざんを しましょう。 〔1もん 6てん〕

① $94 + 4$　　② $32 + 7$

③ $25 + 3$　　④ $86 + 2$

⑤ $64 + 4$　　⑥ $42 + 5$

⑦ $98 + 1$　　⑧ $71 + 4$

⑨ $23 + 6$　　⑩ $65 + 2$

66 なん十　ひく　なん十

れい

$$50-20=30$$

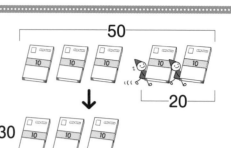

1 ひきざんを　しましょう。　　　　〔1もん　4てん〕

① 20 － 10　　　　② 30 － 10

③ 40 － 10　　　　④ 40 － 20

⑤ 50 － 30　　　　⑥ 50 － 40

⑦ 60 － 40　　　　⑧ 60 － 50

⑨ 70 － 30　　　　⑩ 70 － 40

⑪ 80 － 30　　　　⑫ 80 － 40

⑬ 90 － 40　　　　⑭ 90 － 50

⑮ 100 － 40　　　　⑯ 100 － 50

2 ひきざんを しましょう。　　　　　〔1もん　4てん〕

① 60 － 30　　　　② 80 － 50

③ 70 － 20　　　　④ 100 － 10

⑤ 60 － 10　　　　⑥ 90 － 30

⑦ 100 － 60　　　　⑧ 90 － 70

⑨ 30 － 20

ひとやすみ

◆たしざんや ひきざんの きごう
　「＋」と いう きごうは，まえの かずと あとの かずを た
すと いう ことを あらわして います。「－」と いう きごうは，
まえの かずから あとの かずを ひくと いう ことを あらわ
して います。
　このような きごうは，ドイツと いう くにの がくしゃが 「お
おすぎる」とか 「たりない」と いう いみで つかいだしたのが
はじめだと いわれて います。
　もし，このような きごうが なかったら どう なるでしょう。
　いちいち ことばで しきを かかなければ ならないので，とて
も ふべんだったでしょう。

◆2 けたの　ひきざん

2けた　ひく　1けた

れい

35−5=30

38−5=33

1　ひきざんを　しましょう。　〔1もん　3てん〕

① 21 − 1

② 24 − 1

③ 43 − 3

④ 45 − 3

⑤ 65 − 5

⑥ 68 − 5

⑦ 87 − 7

⑧ 89 − 7

⑨ 92 − 2

⑩ 98 − 2

⑪ 74 − 4

⑫ 76 − 4

⑬ 56 − 6

⑭ 59 − 6

⑮ 38 − 8

⑯ 39 − 8

2 ひきざんを しましょう。 〔1もん 3てん〕

① 48 − 3　　　② 67 − 7

③ 86 − 6　　　④ 29 − 4

⑤ 78 − 4　　　⑥ 57 − 3

⑦ 45 − 5　　　⑧ 64 − 1

⑨ 36 − 4　　　⑩ 49 − 9

⑪ 58 − 8　　　⑫ 88 − 6

⑬ 69 − 5　　　⑭ 77 − 7

⑮ 94 − 2　　　⑯ 35 − 1

3 36にんの くみで，きょう 4にんが やすみました。でて きたのは なんにんですか。 〔4てん〕

しき

こたえ （　　　　　）

68 たしざんと ひきざんの まとめ

とくてん

てん

1 たしざんを しましょう。　　　　〔1もん 3てん〕

① 31 + 7　　　② 40 + 6

③ 42 + 5　　　④ 60 + 9

⑤ 50 + 40　　　⑥ 46 + 3

⑦ 70 + 8　　　⑧ 10 + 90

2 ひきざんを しましょう。　　　　〔1もん 3てん〕

① 39 − 7　　　② 70 − 20

③ 84 − 4　　　④ 40 − 30

⑤ 70 − 50　　　⑥ 27 − 4

⑦ 68 − 8　　　⑧ 100 − 80

3 けいさんを しましょう。 〔1もん 3てん〕

① 59 − 6

② 60 + 5

③ 32 + 7

④ 90 − 80

⑤ 30 + 70

⑥ 20 + 60

⑦ 94 − 3

⑧ 56 + 3

⑨ 80 − 60

⑩ 100 − 20

⑪ 50 + 7

⑫ 27 − 7

⑬ 96 − 6

⑭ 64 + 5

⑮ 34 + 2

⑯ 48 − 7

4 ばすに おきゃくさんが 28にん のって います。6にん おりました。おきゃくさんは なんにんに なりましたか。

〔4てん〕

しき

こたえ (   )

69 1ねんの　まとめ①

1 けいさんを　しましょう。　　　　〔1もん　3てん〕

① 4 ＋ 3　　　　② 6 ＋ 7

③ 9 － 2　　　　④ 14 － 5

⑤ 11＋ 6　　　　⑥ 12＋ 6

⑦ 15－ 4　　　　⑧ 17－ 3

⑨ 8 ＋ 3　　　　⑩ 10－ 4

⑪ 16－ 8　　　　⑫ 13＋ 2

⑬ 14＋ 5　　　　⑭ 18－ 6

⑮ 9 ＋ 4　　　　⑯ 5 ＋ 8

⑰ 12－ 6　　　　⑱ 17－ 9

2 けいさんを しましょう。　　　　　　　　〔1もん　3てん〕

① 　20 + 6　　　　　② 　40 + 8

③ 　50 − 20　　　　④ 　100 − 30

⑤ 　40 + 30　　　　⑥ 　35 + 4

⑦ 　57 − 4　　　　⑧ 　36 − 6

⑨ 　70 − 10　　　　⑩ 　53 + 2

⑪ 　5 + 3 + 1　　　⑫ 　8 − 2 − 5

⑬ 　4 + 6 − 3　　　⑭ 　15 − 5 + 7

3 こうえんに 16にん います。おとなは 7にんです。子どもは なんにんですか。

〔4てん〕

しき

こたえ（　　　　　）

◆ たしざんと　ひきざん ◆　93

1ねんの　まとめ②

1　けいさんを　しましょう。　　　　　〔1もん　3てん〕

① 15－6　　　　② 7＋8

③ 12＋7　　　　④ 9－0

⑤ 3＋6　　　　⑥ 5＋6

⑦ 12－3　　　　⑧ 16－9

⑨ 15－8　　　　⑩ 9＋3

⑪ 14＋2　　　　⑫ 18－7

⑬ 14－6　　　　⑭ 8＋5

⑮ 5＋0　　　　⑯ 10－7

⑰ 4＋9　　　　⑱ 13－6

2 けいさんを しましょう。 〔1もん 3てん〕

① 53 ＋ 6 　　② 35 － 2

③ 20 ＋ 50 　　④ 60 － 20

⑤ 70 ＋ 5 　　⑥ 84 － 4

⑦ 100 － 20 　　⑧ 30 ＋ 70

⑨ 2 ＋ 8 ＋ 6 　　⑩ 10 － 2 － 5

⑪ 10 － 4 ＋ 2 　　⑫ 9 － 6 ＋ 3

⑬ 7 － 3 ＋ 6 　　⑭ 10 ＋ 7 － 4

3 くりひろいを しました。そうまさんは 8こ ひろいました。さくらさんは そうまさんより 4こ おおく ひろいました。さくらさんの ひろった くりは なんこですか。

〔4てん〕

しき

こたえ （ 　　　　 ）

66 なん十 ひく なん十 (P.86・87)

1 ①10 ②20 ③30 ④20 ⑤20
⑥10 ⑦20 ⑧10 ⑨40 ⑩30
⑪50 ⑫40 ⑬50 ⑭40 ⑮60
⑯50

2 ①30 ②30 ③50 ④90 ⑤50
⑥60 ⑦40 ⑧20 ⑨10

67 2けた ひく 1けた (P.88・89)

1 ①20 ②23 ③40 ④42 ⑤60
⑥63 ⑦80 ⑧82 ⑨90 ⑩96
⑪70 ⑫72 ⑬50 ⑭53 ⑮30
⑯31

2 ①45 ②60 ③80 ④25 ⑤74
⑥54 ⑦40 ⑧63 ⑨32 ⑩40
⑪50 ⑫82 ⑬64 ⑭70 ⑮92
⑯34

3 しき 36−4＝32 こたえ 32にん

68 たしざんと ひきざんの まとめ (P.90・91)

1 ①38 ②46 ③47 ④69 ⑤90
⑥49 ⑦78 ⑧100

2 ①32 ②50 ③80 ④10 ⑤20
⑥23 ⑦60 ⑧20

3 ①53 ②65 ③39 ④10 ⑤100
⑥80 ⑦91 ⑧59 ⑨20 ⑩80
⑪57 ⑫20 ⑬90 ⑭69 ⑮36
⑯41

4 しき 28−6＝22 こたえ 22にん

69 1ねんの まとめ① (P.92・93)

1 ①7 ②13 ③7 ④9 ⑤17
⑥18 ⑦11 ⑧14 ⑨11 ⑩6
⑪8 ⑫15 ⑬19 ⑭12 ⑮13
⑯13 ⑰6 ⑱8

2 ①26 ②48 ③30 ④70 ⑤70
⑥39 ⑦53 ⑧30 ⑨60 ⑩55
⑪9 ⑫1 ⑬7 ⑭17

3 しき 16−7＝9 こたえ 9にん

70 1ねんの まとめ② (P.94・95)

1 ①9 ②15 ③19 ④9 ⑤9
⑥11 ⑦9 ⑧7 ⑨7 ⑩12
⑪16 ⑫11 ⑬8 ⑭13 ⑮5
⑯3 ⑰13 ⑱7

2 ①59 ②33 ③70 ④40 ⑤75
⑥80 ⑦80 ⑧100 ⑨16 ⑩3
⑪8 ⑫6 ⑬10 ⑭13

3 しき 8＋4＝12 こたえ 12こ

ひとやすみの こたえ

P.32

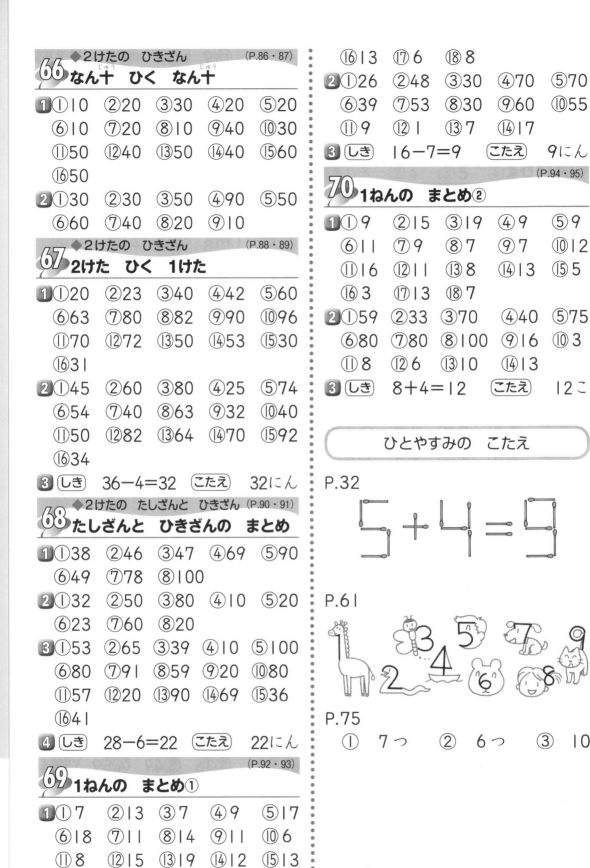

5＋4＝9

P.61

P.75
① 7つ ② 6つ ③ 10

代表 03(6836)0301

2407R11

※本書は『計算集中学習 小学1年生』を改題し、新しい内容を加えて編集しました。